神奇生物世界丛书

主　　编　　杨雄里
执行主编　　顾洁燕

非洲大帝

兽类王国大揭秘一

裴树平　编著

上海科学普及出版社

序　言

你想知道"蜻蜓"是怎么"点水"的吗？"飞蛾"为什么要"扑火"？"噤若寒蝉"又是怎么一回事？

你想一窥包罗万象的动物世界，用你聪明的大脑猜一猜谁是"智多星"？谁又是"蓝精灵""火龙娃"？

在色彩斑斓的植物世界，谁是"出水芙蓉"？谁又是植物界的"吸血鬼"？树木能长得比摩天大楼还高吗？

你会不会惊讶，为什么恐爪龙的绰号叫"冷面杀手"？为什么镰刀龙的诨名是"魔鬼三指"？为什么三角龙的外号叫"愣头青"？

你会不会好奇，为什么树懒是世界上最懒的动物？为什么家猪爱到处乱拱？小比目鱼的眼睛是如何"搬家"的？

……

如果你想弄明白这些问题的真相，那么就请你翻开这套丛书，踏上神奇的生物之旅，一起去揭开生物世界的种种奥秘。

习近平总书记强调，科技创新、科学普及是实现创新发展的两翼。科普工作是国家基础教育的重要组成部分，是一项意义深远的宏大社会工程。科普读物传播科学知识、科学方法，弘扬渗透于科学内容中的科学思想和科学精神，无疑有助于开发智力，启迪思想。在我看来，以通俗、有趣、生动、幽默的形式，向广大少年儿童普及物种的知识，普及动植物的知识，使他们从小就对千姿百态的生物世界产生浓厚的兴趣，是一件迫切而又重要的事情。

"神奇生物世界丛书"是上海科学普及出版社推出的一套原创科普图书，融科学性、知识性、趣味性于一体。丛书从新的视野和新的角度，辑录了200余种多姿多彩的动植物，在确保科学准确性的前提下，以通俗易懂的语言、妙趣横生的笔触和五彩斑斓的画面，全景式地展现了生物世界的浩渺与奇妙，读来引人入胜。

丛书共由10种图书构成，来自兽类王国、鸟类天地、水族世界、爬行国度、昆虫军团、恐龙帝国和植物天堂的动植物明星逐一闪亮登场。丛书作者巧妙运用了自述的形式，让生物用特写镜头自我描述、自我剖析、自我评说、畅所欲言，充分展现自我。小读者们在阅读过程中不免喜形于色，从而会心地感到，这些动植物物种简直太可爱了，它们以各具特色的外貌和行为赢得了所有人的爱怜，它们值得我们尊重和欣赏。我想，能与五光十色的生物生活在同一片蓝天下、同一块土地上，是人类的荣幸和运气。我们要热爱地球，热爱我们赖以生存的家园，热爱这颗蓝色星球上的青山绿水，以及林林总总的动植物。

丛书关于动植物自述板块、物种档案板块的构思，与科学内容珠联璧合，是独具慧眼、别出心裁的，也是其出彩之处。这套丛书将使小读者们激发起探索自然和保护自然的热情，使他们从小建立起爱科学、学科学和用科学的意识。同时，他们会逐渐懂得，尊重与这些动植物乃至整个生物界的相互关系是人类的职责。

我热情地向全国的小学生、老师和家长们推荐这套丛书。

杨雄里

2017年7月

目　录

海象（猎叉）　　　　　　　　　　/ 2

海狮（杂技演员）　　　　　　　　/ 4

蓝鲸（航空母舰）　　　　　　　　/ 6

座头鲸（大海音乐家）　　　　　　/ 8

虎鲸（海霸）　　　　　　　　　　/ 10

海豚（救生员）　　　　　　　　　/ 12

老虎（亚洲兽王）　　　　　　　　/ 14

狮子（非洲大帝）　　　　　　　　/ 18

金钱豹（起重机）　　　　　　　　/ 20

猎豹（闪电奔） /22

狼（午夜凶神） /24

狗（忠仆） /28

红狐（动物智多星） /32

獴（蒙哥） /34

黄鼠狼（屁王） /36

家猫（捕鼠器） /38

海 象

绰号：猎叉

陆地上有大象，海洋中有我们海象，但我们之间没有什么亲缘关系。如果一定要将我们之间联系在一起，那就是獠牙了。陆地大象有一对长长的象牙，我的嘴角两边也有两根长长的獠牙，而且颜色和形状都很像陆地大象的獠牙。

我的这对象牙用处大极了，首先能作为寻找食物的"犁"，可以在水下耕犁沙地，挖掘爱吃的海螺和贝类动物；其次，象牙是我的"刀剑"，我们常常用这对长牙当做打架的武器。

物种档案

海象的生活区域在北冰洋中，身体肥胖粗壮，大的雄海象足有4米多长，1吨半重。海象的两条前肢演化成两条适宜划水的鳍状脚，两条后肢几乎合并在一起，如同鱼类的尾巴那样，可以充当水中游动时的"助理器"和"方向舵"。这样的身体结构，使海象在陆地上移动行走笨拙不堪，但到了海洋中却显得异常矫健灵活，每小时能够游十几千米，简直就像一条巨大的鱼，捕食那些游速较慢的海洋小动物，例如乌贼和虾蟹之类，毫无难度。

体形巨大的海象是大懒汉，除了寻找食物之外，绝大部分时间躺在海岸边睡觉休息。有趣的是，海象在岸上睡觉时间一长，皮肤就会渐渐变成棕红色。动物学家告诉我们，当海象在寒冷的水中活动时，体表的血管收缩，使皮肤呈灰白色。但上岸之后，尤其是经过长时间的太阳照射，身体变热，血液循环速度加快，体表的血管开始扩张，皮肤就渐渐朝红色方向变化了。

海狮

绰号：杂技演员

虽然我只是个中型海兽，但我却有一个充满霸气的名字——海狮。那是因为雄海狮仰天长啸时，声音很像陆地上的雄狮在怒吼。还有，雄海狮的头颈上披着长长的鬃毛，也和陆地雄狮的模样相似，所以，人类就把我们称为"海上的狮子"。

由于我的平衡器官特别发达，只要经过训练，就能够表演"鼻子顶球""侧立行走""飞跃绳索"等节目，成为受人欢迎的动物杂技演员。

物种档案

介绍了海象和海狮，很有必要了解一下海豹和儒艮这些关系相近的海兽。

海豹的身体圆滚滚的，好像一个肥胖无比的大肉团。那是因为它们生活在寒冷的水域，为了抵御低温严寒，必须在体内积累大量的脂肪，有了厚厚的脂肪层，就相当于穿上了一件大棉袄。海豹的皮毛布满棕黑色斑点，看上去有点像金钱豹的皮毛，所以人们就给它起了"海豹"这个名字。海豹是出色的游泳高手，不仅速度快得惊人，而且擅长潜水。每当它潜到较深的水下时，鼻子、嘴巴和耳朵都会自动关闭起来。

传说海洋中有一种美人鱼，经常抱着孩子，上身露出水面给孩子喂奶。实际上，传说中的美人鱼是一种叫儒艮的海兽。它虽然有两个乳房，与人类乳房的位置有点相近，但它不仅不美，反而相貌奇丑。儒艮的上嘴唇上翘，几乎遮住大半个面孔，再加上塌鼻梁、大鼻孔，两只几乎被"挤"到头顶的小眼睛，真是难看极了。所以，把儒艮当做美人鱼，实在是很难理解。

蓝鲸

绰号：航空母舰

我的模样虽然像一条超级大鱼，但并不属于鱼类，而是哺乳动物家族的成员。

我是地球上最大的动物，究竟有多大，看看下面的数据也许会吓你一跳。我身长大约30米，体重达到180吨，如果与陆地最大动物大象比较，30头大象的体重加起来才和我差不多重！我的一根舌头有3吨重，要一辆小卡车才能载运；我的肺重量达到1500千克，心脏重量达到700千克，血液有8吨重，如果把我的肠子拉直，竟然有250米长！

　　蓝鲸虽然躯体庞大，但所吃食物却是迷你型的小鱼小虾，也许有人会问，蓝鲸那么大的嘴怎么吃那么小的食物？怎么吃得饱呢？原来，蓝鲸有一张奇怪的大嘴，嘴里没有牙齿，但是有许多梳头篦子似的鲸须。觅食的时候，蓝鲸张开大嘴，让海水和很多小鱼虾一起涌入口中，然后再闭上嘴，在鲸须的过滤下，海水可以通过鲸须的缝隙流出嘴外，而小鱼小虾则被拦住，吞咽到肚子里。

　　蓝鲸吃得食物虽然都很小，但数量却多得惊人，一天要吃4～5吨小鱼小虾！就连刚刚诞生的幼鲸胃口也不小，每天大约要喝1吨左右的母乳！

　　蓝鲸和陆地动物一样，也是用肺呼吸的。所以它每隔十几分钟就要露出水面一次，用长在头顶处的鼻孔进行气体交换。蓝鲸的呼吸动静不小，先从鼻孔喷出一股灼热的废气，发出一阵响亮的鸣声，很像火车的汽笛声。这股强大的气流冲出鼻孔，能笔直上冲十多米高，并连带着周围的海水一起冲向天空，在海面上形成一股壮观的水柱，这就是常说的"鲸鱼喷潮"奇观。

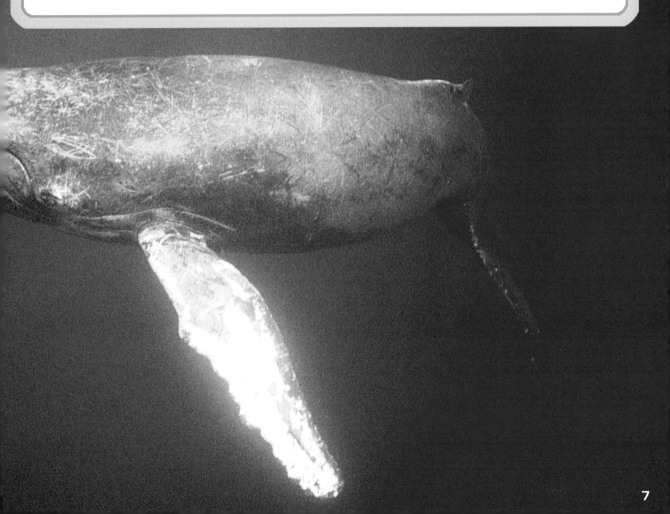

座头鲸

绰号：大海音乐家

我是海洋动物中的出色"歌星"。人类在研究我歌声时发现，竟然有18种不同的声音组成，而且生活在不同海域中的同类，发出的歌声也不同。后来，人类把我的歌声录下来，然后加快到14倍的速度播放，听起来就像鸟儿的鸣叫声，十分清脆动听。

白鲸

我的另一个特点是外貌奇特，大脑袋，短身体，整个背脊还向上拱起。我常常将大半个身子露出水面，远远望去，仿佛一个水中的驼背老人，所以大家又送我一个外号叫"驼背鲸"。

一角鲸

物种档案

动物学家将鲸分为两大类，凡是具有鲸须的归属于须鲸类，共有十多种，蓝鲸和座头鲸是其中的代表种类。另一类叫齿鲸，个头较小，口中有牙齿，身体呈纺锤状，游泳速度快，通常都比较凶猛，依靠捕食大型鱼类和海兽为生。齿鲸的种类有70多种，例如白鲸、独角鲸、逆戟鲸、抹香鲸、海豚等。

白鲸是北极的特有动物，肥胖的身躯，白色的皮肤，小小的眼睛，八字形的嘴巴，圆圆的额头高高凸起，脑袋两边各长着一个"大瘤子"，左右两侧的鳍状肢好像划船的桨，从正面对着它看，白鲸就像一个老寿星。

一角鲸也被人称为"海洋剑客"，因为在它的脑袋前方有一根笔直挺立的长角，仿佛一把跃跃欲刺的利剑。其实，一角鲸小时候并非这样，随着它渐渐长大，上颌骨左边的一颗牙齿不断地朝前生长，一直长成2米多长的"利剑"。这根牙齿变成的长角有很多用处，当它在冰层之下想露出海面呼吸时，可以刺碎阻挡的冰层。长角可以挖掘海底泥沙，帮助寻找食物，还可以充当防御和进攻的武器。

虎 鲸

绰号：海霸

　　我的另一个名字叫逆戟鲸，是海洋中的王者，比那些人见人怕的鲨鱼厉害多了。我有强壮有力的身体、坚硬锋利的牙齿、奇快无比的游速，使我在海洋中所向披靡。

　　我不仅捕食海豹之类的中型海兽，甚至还敢围攻巨大无比的蓝鲸。当然，向蓝鲸进攻靠我一头虎鲸是不行的，需要同伴们的帮忙。大家围绕在蓝鲸四周，有的上去撕咬，有的在海洋表面迫使蓝鲸沉入水下，不让猎物呼吸，还有的在蓝鲸腹部下方监视，防止猎物潜水逃跑。

物种档案

齿鲸类中最大的成员是抹香鲸，身长20米，体重50吨。它的体形看上去头重脚轻，仿佛一只正在水中游泳的超级大蝌蚪。尤其可笑的是，它那箱子般的大脑袋，几乎占去身体的三分之一！它的上颌很厚很大，但没有一颗牙齿，所有牙齿都集中长在下颌。

抹香鲸的性情十分凶猛，不仅捕食中小型的海洋动物，甚至敢潜入深海攻击大王乌贼。大王乌贼属于恐怖级别的软体动物，最大的有十七八米长，如果把它放到地面上，前方的触手能伸到6层楼那么高！要想捕获大王乌贼是很困难的，所以，它们之间的每一次遭遇都是一场生死搏斗，虽然抹香鲸略占优势，但有时候也会发生失手身亡的悲剧。

抹香鲸是鲸类中的潜水冠军，不仅潜水深度达到2200米，而且能在水下持续保持2小时，再回到水面上换气。抹香鲸习惯浮在水面上睡觉，而且睡得很沉，甚至会静静地睡在夜停海上的船只旁边。

最后要告诉大家的是，抹香鲸肠内分泌物又叫"龙涎香"，能制成珍贵的香料和药材。也正是这个原因，抹香鲸遭到人类的大量捕杀，数量正在急剧减少。

海 豚

绰号：救生员

　　我是鲸类家族的成员，但和兄弟姐妹相比，个头要小多了，身长仅2米左右，体重也只有100多千克。我们喜欢集体活动，常常几十条、几百条聚在一起在大海中遨游。

　　我不仅热爱人类，更喜欢帮助人类，如果遇到人类在海洋中遇到危难，我会毫不犹豫地上前帮助。人类把我当成好朋友，我们之间的关系真是非常友好。对有些特别好的朋友，我还会让他骑在自己的背上，让他牢牢抓住我的背鳍，然后驮着他遨游美妙的海洋世界。

物种档案

　　海豚属于齿鲸类成员，以鱼类为食。由于它具有独特的探寻猎物的本领，所以很少因为饿肚子而发愁。我们知道，蝙蝠利用超声波捕捉昆虫，而海豚也毫不逊色，也能发射超声波发现远处的鱼群。不仅如此，海豚还可以用超声波帮助它在黑暗中辨别方向，甚至还能利用超声波作为同伴交谈的特殊语言。

　　每当风暴到来前，海豚往往自动远离海岸，以免风暴掀起的巨浪将它抛到岸上，或者卷向峭壁岩石撞死。海豚之所以能预测风暴，主要是它有一副特别的耳朵，既能接收超声波，又能感受到风暴前产生的特有次声波。

　　现在有很多科学家认为，海豚的学习和模仿能力极高，甚至超过了类人猿。海豚能根据人类的要求表演各种精彩节目，也能为人类做很多工作，例如打捞海底沉物、援救海上遇难者等。海豚之所以有如此出众的才能，是因为它的大脑特别发达，按照脑容量和体重的比例，它仅次于人类。而且，海豚大脑的表面还有很多沟回，这也是象征聪明的标志。

老 虎

绰号：亚洲兽王

我是大名鼎鼎的老虎，地球上几乎无人不知。我的身材雄伟，一身黑黄相间的皮毛油光闪亮，瞪着一对铜铃般的大眼睛，有的额头上还有个"王"字大斑纹，威风凛凛，是当之无愧的兽中之王。

提到我们和人类的关系，真是说来话长。古时候，人类见到我们就逃，害怕被我吃掉。后来人类发明了枪，猎人用枪来猎虎，我们反而害怕人类了。直到现在，建立自然保护区，我们成了重点保护动物，再也不担心被人捕杀了。当然，也有极少数的偷猎者，依然会给我们造成危害。

物种档案

老虎既然能坐上"亚洲兽王"的宝座，本领当然非同一般。古时候人类将老虎的本领归纳为"一扑、二咬、三钢鞭"，意思是，当老虎遇到大型猎物时，其中也包括人类，先是利用身体的力量和威猛的气势，张开绽出利爪的前肢，猛扑而上，将猎物扑倒。如果一扑不成功，接着张开尖牙利齿的血盆大口，狠狠向猎物咬去。如果猎物机敏，躲过了前面的两次攻击，闪到攻击者身后，老虎还会使出第三种绝招，就是用虎尾横向猛抽。这时候的老虎尾巴蹦得笔直，坚硬如钢鞭，被抽到一下，猎物就算不死，也已经失去了抵抗之力。

老虎捕猎时喜欢单独行动，常常潜伏在茂密的茅草中，利用皮毛的条纹图案与环境融为一体，将自己隐蔽起来，等待猎物自投罗网。

老虎的繁殖能力不强，一胎只生2～4只幼虎，但它们对孩子的教育很严格。当幼虎长到半岁时，便跟随母虎外出打猎了。母虎认真地教，幼虎认真地学，有时候，母虎还捉来活的猎物让幼虎们实战练习，这样，幼虎到1岁左右就能单独出猎了。

我的体形长相和普通老虎完全一样，唯独身上皮毛的色彩变了，成为白色的老虎。

　　因为白虎的数量太少，所以显得格外珍贵。在古代，我的地位崇高，与"青龙、朱雀、玄武"一起，成为四大圣兽之一。其实我并没有那么神奇，皮毛变白是因为身体的某个基因发生了突变，使我无法形成正常的色素，患上了白化病而已。我就是普通的老虎，在独立性、生活习性和力量这些方面与其他正常毛色的虎几乎没有任何区别。顺便说一句，在人类中，不也经常有满头白发的白化病患者吗？

物种档案

我们平时说的老虎有好几个亚种，其中东北虎和华南虎在我国都有分布。东北虎体形最大，主要生活在黑龙江、吉林和西伯利亚地区。华南虎较小，分布于广东、福建和江西等地。

有人说，老虎和狮子都是兽中之王，如果让它们一对一搏斗，谁更厉害呢？实际上，老虎在亚洲，狮子在非洲，双方远隔万里，根本没机会较量。尽管如此，科学家根据它们的生活习性做出推测，两者的力量不相上下，但老虎一般在森林中单独捕猎，需要超强的灵敏性和快速反应能力，使单打独斗的能力变得很强。而狮子则喜欢集群生活，采取合作方式捕猎，敏捷性相对要差一些。从这个意义上说，一对一的搏斗，老虎会胜狮子一筹。

事实也的确如此，欧洲有这样的记载，古罗马人将遥远地区捕获来的老虎和狮子，放入竞技场进行一对一搏斗表演，结果每次都是老虎战胜了狮子。

狮 子

绰号：非洲大帝

　　我们是非洲大草原上的霸主，也是猫科动物中体形最大的种类。尤其是雄狮，大脑袋，阔嘴巴，头颈上披着金色的鬃毛，长尾巴末端还有个棕色毛球，显得特别威武，看上去要比母狮子大很多。

　　尽管我们很厉害，但为了提高捕猎效率，往往整个狮群分工合作，集体行动。先由雄狮逼近猎物，突然发出惊天动地的狮吼，其响声远远超过虎啸，能传出8~9千米远，吓得猎物们惊慌逃窜。

　　狮子喜欢合群生活，群落中的首领是年轻力壮的雄狮，享有至高无上的权力。但狮王宝座不是终生制，一家之主的狮王随着年龄增长而慢慢衰老，用不了几年，就会被外来的年轻雄狮击败。新首领接管狮群的第一件事，就是把未成年的雄狮赶走，甚至咬死，防止它们长大后与自己争夺王位，而母狮子却不会受到任何虐待。

　　刚刚诞生的幼狮只有猫那么大，身上布满一个个圆斑，和父母亲的外貌差别很大，看上去倒有点像豹的后代。大约6星期后，小狮子已经能与昆虫和蜥蜴等小动物戏耍了。在这个阶段，母亲开始对孩子进行严格训练。母狮子会快速摇动尾巴，一会儿左，一会儿右，让孩子们扑击，训练它们的反应能力。通过反复练习，小狮子已经能掌握捕猎的基本技能。等到出生三个月后，小狮子便随母亲外出狩猎，在实战中磨练生存本领。

　　在美洲的密林山区中，生活着另一种狮子，名叫美洲狮。它只有猎豹那样大，主要依靠捕鹿为生。美洲狮矫健灵活，善于奔跑，尤其跳跃能力极强，最厉害的一次能跳跃十多米远。

　　这时，埋伏在一边的母狮子乘机一跃而出，将猎物扑倒。

美洲狮

19

金钱豹

绰号：起重机

我有一身金黄色的皮毛，上面布满一个个黑色圆环，好像无数个古代铜钱铺洒在上面，金钱豹这个名字也就由此而来。

和老虎狮子相比，我的个头小多了，但是我更灵活，不仅行动敏捷，善于跳跃，而且见到河流能游过去，遇到大树能爬上去，属于猛兽中的"全能选手"。如果运气好的话，捕杀到一头大型猎物，一顿吃不了，为了防止豺狼偷吃，我会把吃剩下的部分拖到树上藏起来。我可以自豪地告诉大家，我的体重只有60千克，却能把90千克的猎物拖上树，怪不得有人说我是一台"有生命的起重机"。

物种档案

金钱豹曾经在我国各地都有分布，是比较常见的食肉类猛兽，但受到人类的过度捕猎，数量已相当稀少，现在它被列为国家一级保护动物。

由于金钱豹的力量不够大，所以它在捕猎时比狮虎更沉着、更冷静。在很多时候，它会埋伏在食草动物经常行走的密林中，长时间的耐心等待，一旦发现猎物出现，毫不犹豫地把握住最佳时机，以迅雷不及掩耳之势跃出，将猎物擒获。不仅如此，有一次科学家还观察到，通常独自行动的金钱豹召唤同伴一起合作狩猎。

一只金钱豹发现了树上有一群猴子，它在树下徘徊了一会，觉得无法捕猎到那些精明的家伙，于是去召唤同伴帮忙。很快，4只金钱豹出现了，它们经过分工，3只在树下埋伏，另一只爬上树驱赶猴群。惊恐万分的猴子纷纷窜下树逃命，却不料正好中了金钱豹的奸计，3只埋伏的金钱豹发起突然袭击，其中两只猴子成了金钱豹们的美味大餐。

金钱豹捕到猎物后，总是先享用它们最爱吃的肝脏、心脏和腰子，然后再吃猎物的鼻子、舌头和眼睛，最后才啃食肌肉。

猎豹

绰号：闪电奔

　　我的最大特点是鼻子两边有两条黑色条纹，从眼角一直延伸到嘴边，好像两条泪痕。我的最大本领是高速飞奔，每小时的奔跑速度能达到113千米，简直像一辆飞驰的小轿车，是动物界中当之无愧的短跑之王。可惜的是，我的高速奔跑只能持续很短的时间，甚至连1分钟都不到。

　　由于我生活的非洲草原上有很多羚羊，为了捕捉这些善于长跑的猎物，只能依靠突然袭击，发挥出速度优势，希望一个冲刺就将其捕获。如果一击不中，我只能放弃，因为高速奔跑时间稍长，心肺系统受不了。有时候，我虽然已经抓住了猎物，但因为捕猎时消耗了太多的能量，累得气喘吁吁，连进食都没力气了。

豹的家族有不少种类，除了金钱豹和猎豹之外，比较常见的还有雪豹、云豹和美洲豹等。

雪豹是一种高山动物，对寒冷无所畏惧，但是害怕炎热，所以它的栖息地通常在寒冷地区的高山峻岭中。它的个头与金钱豹差不多，但身上的皮毛白中带青，缺少金黄色。如果它蹲伏不动的话，就像一块青灰色的大石头。在高山雪地中，雪豹居住的巢穴常常多年不更换。主要是因为岩洞内的巢穴衬垫着很厚的毛，舒适暖和，频繁更换住所很麻烦；其次是由于山高险峻，寻找合适的居住地点很困难；再有就是它独霸高山一方，没有天敌的威胁，用不着为了安全而更换巢穴。雪豹非常机警狡猾，在雪地行走时，总是把长尾巴垂在地上，并且不断左右摆动，用来清除自己在雪地上留下的脚印，躲避猎人的追击。

云豹是豹家族中的小个子，体重仅20多千克，身体两边有6个云状的暗色斑纹。它个头虽小，但生性凶猛，既能上树抓猴子，又可以下地捕捉野兔、小鹿，有时还偷吃鸡鸭。

雪豹　　云豹　　美洲豹

狼

也许是因为我的相貌很凶恶，性格很残忍，所以人类只要提起我，总是把我当敌人看待。的确，我经常袭击大草原上的羊群，可我是依靠吃肉为生的动物，不这样就会饿死。

我们平时单独活动，到了冬季才聚合成群，合作狩猎。这时候的狼群会有一个首领，狼群中的任何大事都由首领做出决定。例如每次外出狩猎，什么时候跟踪和攻击目标、什么时候休息、捕获到的猎物怎样分配等，一切都要听从首领指挥，普通成员不能擅自行动。

物种档案

狼是非常机警的动物，而且生性多疑，再加上它们的视觉、嗅觉和听觉十分灵敏，甚至能够在安静环境下听见10米远一只手表的"滴答"声，从而在食肉动物中占据了重要的地位。

值得一提的是狼眼。在电影电视纪录片中常常见到这样的画面：夜晚，漆黑的森林中，狼的眼睛发出绿光，好像一对闪亮的绿灯笼，显得格外恐怖。狼的眼睛之所以会发光，是因为在眼球上有特殊的晶点，能把弱光聚集起来，再反射出去，所以它们的眼睛显得绿荧荧。

同一部落家族中的狼成员，因为有首领的管辖，彼此不会发生重大冲突，但不同部落家族的狼相遇，往往会爆发一场格斗。格斗时，双方龇牙咧嘴，一边嚎叫，一边兜圈子寻找进攻机会。几个回合后，处于下风的弱者为了避免吃更大的亏，会翻身躺倒在地，向对方暴露出身体的致命部位，表示停止抵抗。这时候，胜利者不管有多愤怒，只要一见到对方投降就会停止进攻，并高高昂起脑袋发出嚎叫，仿佛在说："快滚！今天饶你一命"。最后，胜利者在地上撒一泡尿，表示格斗结束。

在山区的夜晚，我们常常发出一声声凄厉的狼嚎，此起彼伏，仿佛在演奏一曲"野狼大合唱"。有些人以为，我们在深夜嚎叫是为了显示恐怖，那可就大错特错了。

其实，我们在夜晚嚎叫是与同伴联系的通讯信号。当狼群需要集合时，母狼发出叫声来呼唤小狼，公狼呼唤母狼，集群之后一起外出觅食。在繁殖期间，我们也会通过嚎叫来寻找配偶；在抚育幼崽期间，除了母狼会发出叫声，幼狼饥饿时也会发出尖细的叫声。

物种档案

在"豺狼虎豹"四大凶兽之中，豺排在了第一位，它和狼都属于犬科动物，个头虽然小于狼，但残忍凶恶的程度一点都不亚于狼。

豺又叫豺狗，全身披着红棕色鬃毛，尤其尾巴上的毛更长、更密集。豺的利爪非同一般，简直就像一把锋利的匕首，而且还带有倒刺。豺属于群居动物，每个群体通常十多只，狩猎时也依靠群体的力量，采用集体围攻和以多取胜的方式。有了利爪尖牙，还有了同伴的配合，豺敢于攻击较大的食草动物，例如鹿、山羊等，甚至敢袭击体形巨大的水牛。当它们发现猎物后，其中一只会先上前缠绕伴攻，拖延猎物逃亡时间，同伴则从两侧快速包抄，彻底堵住猎物的逃生之路。当猎物进退两难时，靠近尾部的豺乘机跳上猎物背部，用带钩的利爪猛抓，与此同时，同伴也一拥而上，有的攻击头部，有的撕咬眼睛、鼻子、嘴巴等器官，还有的攻击身体两侧，咬穿肋骨下的胸腹，掏出猎物的内脏。在你咬一口，我撕一块的攻击下，只需要几分钟，一只大动物就被它们啃咬得只剩一副骨架了。

豺

狗

绰号：忠仆

很久以前，我们的祖先是狼家族的成员，也许是现代狼的近亲，也许与现代狼就是同一个种，只不过，它们和人类交上朋友后，使以后的生活习性和形态特征发生了翻天覆地的改变。那时候，我们的祖先也许是为了获取食物，经常围绕在人类部落的居住地附近，结果发现人类不仅不伤害它们，有时还把吃剩的肉食丢给它们。为了报答人类，我们的祖先在人类外出打猎时，会主动承担起侦查、搜寻猎物的任务，遇到目标立即大声吼叫，通知人类。人类为了答谢它们的帮助，狩猎之后也会将一部分猎物分给我们的祖先。随着彼此的关系越来越密切，我们的祖先也慢慢演变成了今天的狗，成为人类的忠实朋友。

物种档案

　　狗的最大特点是嗅觉灵敏，要超过人类嗅觉灵敏度的10万倍，甚至更多！狗的超灵敏度嗅觉来自于鼻尖处一小块无毛的地方，那儿密布着许多小突起，外面还覆盖着一层黏膜，黏膜上有无数专管嗅觉的细胞。当这些细胞处于湿润状态时，就能有良好的嗅觉，所以，灵敏的狗鼻子总是湿漉漉的。

　　对狗来说，灵敏的嗅觉太重要了，如果嗅觉部位受到伤害，将会给生活带来极大的不便。所以，狗特别珍惜鼻子，就连休息时也不忘记。如果注意观察狗睡觉的姿势，就会发现它总是把鼻子藏在两条前腿的中间，就是为了保护鼻子，防止睡着后受到意外伤害。

　　在大热天，我们经常能看到狗伸出舌头，这有什么意义呢？我们知道，人类和许多动物的身体表面有汗腺，当天热体温升高时，汗腺会分泌汗液，使体内的热量通过汗液散发到体外。但狗的体表没有汗腺，遇到盛夏酷暑季节，为了维持正常体温，只好伸出冒热气的舌头，帮助体内热量的散发。

　　我们狗家族和人类交了几千年好朋友，也受到人类几千年的培育和驯化，已经从单一的狼形动物演变成几百个品种。它们不仅在形态上有了很大变化，而且具有各自不同的特点，能为人类提供各种特殊帮助。

　　我是受到人类尊敬的警犬，不是一个单一的品种，而是经过警务机关特殊训练之后的犬类统称。通常，我们在出生四五个月后开始接受训练，大约经过1年时间，便可以跟随警察或军人执行任务了。我们能根据主人的口令或手势顺利地做出各种动作，利用自己的灵敏嗅觉，帮助警察追捕罪犯和搜寻毒品。

牧羊犬

北极犬

宠物犬

物种档案

在草原地区，牧民们最担心饿狼袭击羊群，于是就对一些体格强健、善于战斗的犬类进行训练，使它们成为牧民的帮手，充当牛羊的专职警卫，人们给它们起名叫牧羊犬。白天，牧羊犬陪伴羊群出去寻食，晚上护送羊群归来，一丝不苟地担负起保护羊群的重任。

在冰天雪地的北极，生活着为数不多的因纽特人，也就是以前习惯说的爱斯基摩人，他们的动物好朋友是北极犬。北极犬不惧严寒，能在风雪之中拖拉特制的雪橇载送乘客，或者运送货物，成了因纽特人的最好助手。

在所有的犬类中，人类最熟悉的要数宠物犬了。不同的宠物犬形态差异很大，但它们都有一个共同特点，就是模样很可爱，对人类特别亲昵，所以，受到人类的宠爱也就理所当然了。很多人，尤其是一些孤独老人，有了宠物犬的相伴，便摆脱了孤单寂寞，在生活中增添了许多快乐。

狗对人类的帮助远远不止这些，它们中有的善于看家护院，有的善于协助主人狩猎，还有的能给残疾人士提供特别帮助，例如导盲犬能为盲人指引道路。

红 狐

绰号：动物智多星

大家都爱叫我狐狸，其实我的科学名称叫红狐。我有一身棕红色的皮毛，尖嘴巴，大耳朵，身体长，四肢短，后面拖着一条长长的尾巴。

在人类的心目中，我是狡猾的"阴谋家"，喜欢算计别人，其实我也是迫不得已。大家都知道，任何生物想要长久地生存在这个世界上，必须具备一套谋生本领。例如老虎有尖牙利齿和强大的力量，既能捕猎，又不担心敌人袭击。而我同样也是食肉动物，但体小力弱，攻击和逃跑能力都不强，只能依靠智力弥补体力的不足。

物种档案

红狐的确比其他食肉动物更会想办法，更善于使用计谋，这样，它才可以在残酷的生存竞争中占据一席地位，才可以一直生存到今天。它们在狩猎中还善于互相合作，彼此巧妙配合。例如在野兔经常出没的地方，有时候会出现两只红狐扭打成一团，仿佛在生死搏斗，这种装疯卖傻的举止，很容易引来附近的野兔看热闹。红狐一边打架，一边偷看，趁野兔看得着迷时，它们就冷不防猛扑过去，轻而易举地逮住了野兔。

红狐的家庭观念和我们人类相似，既有自己的小家庭，也有大家庭的概念。在食物不足时，刚刚产仔的红狐家庭仅仅依靠雄狐捕猎，无法满足全家的需要。这时候，大家族中的一些"亲戚"会主动送来食物，帮助困难家庭渡过难关。这些"亲戚"与该家庭的亲缘关系很近，大多数是红狐父母以前生下的子女，也就是刚生出来幼狐的"哥哥"或"姐姐"，它们虽然已经走上了独立生活的道路，一旦"娘家"有困难，便会毫不犹豫地伸出友谊之手。

獴

绰号：蒙哥

　　我是哺乳动物中的小家伙，体长30～40厘米，但我却有"捕蛇专家"的美誉，尤其是对付人见人怕的眼镜蛇，只要拿出"游击战术"的绝招，我就能成为笑到最后的胜利者。

　　战斗初期，精力充沛的眼镜蛇会采取主动，而我却游走闪避，不做正面接触。有时候，为了对付眼镜蛇的凶猛进攻，我会把全身的毛蓬松散开，整个身体看上去仿佛比平时大了一倍。这一招很管用，因为万一疏忽被眼镜蛇咬中，仅仅咬去一撮毛，不伤及皮肉。随着时间推移，眼镜蛇渐渐出现疲态，进攻节奏变缓，我便开始反击，抓住时机，突然窜上去咬住眼镜蛇颈部，直至对手丧失抵抗力。

正因为许多人见过獴制服眼镜蛇的场面，于是认为，獴是所有毒蛇的克星，其实这种说法不全面。动物学家发现，獴能够对付眼镜蛇，是因为眼镜蛇与其他毒蛇相比，行动显得相对迟缓呆笨，而且毒牙比较短，嘴巴最多只能张开45度，不像有些毒蛇那样能张开130度。这些致命弱点使眼镜蛇在搏斗中屡遭败绩。

然而，獴在遇到一些个子较大的毒蛇，例如巴西蝮蛇、眼镜王蛇等，情况就大不相同了。它们对獴发起的进攻既快又猛，凶悍犀利。在通常情况下，獴会采用明哲保身的态度，知难而退，溜之大吉。如果獴不自量力，采用对付眼镜蛇的方法对付它们，那么，失败者往往会是獴自己。

獴除了爱吃蛇，也猎食蛙、鱼、鸟、鼠、蟹、蜥蜴、昆虫及其他小动物。需要说明的是，獴其实是獴科动物的总称，前面介绍的是食蛇獴，通常作为獴科动物的代表种。獴科动物中还有迷你型的狐獴、爱吃螃蟹的食蟹獴、生活在非洲大陆的细尾獴等。

狐獴　　　　　　　　　食蟹獴　　　　　　　　　细尾獴

黄鼠狼

绰号：屁王

因为我经常施展臭屁绝招，所以我的名字在人类中臭名远扬。当我遇到可怕的敌人时，也包括人类，马上从肛门中放出恶臭难闻的气体。只要超级臭屁亮相，敌人闻到后几乎都会受不了而逃走。

也许有人会问，我的臭屁究竟有多厉害？这么说吧，它顺风能传500米，追击的猎狗如果闻到这种臭气，就会鼻孔流涎，丧失追击的勇气。

我分泌出的臭液连猎人都感到害怕，如果沾到物品上，臭味久久不散；如果沾到眼睛里，严重的会失明；如果进入鼻孔会产生麻痹作用。因为有了这种"化学武器"，我不再是任人宰割的弱者了。

物种档案

　　黄鼠狼的科学名字叫黄鼬，是我国常见的小型食肉动物。它体形细长，金黄色的皮毛，四肢短小，尾巴蓬松。由于黄鼠狼的皮毛色泽鲜艳光润，是做高级裘皮的原料，所以成为人类疯狂捕猎的对象。

　　俗话说"黄鼠狼给鸡拜年，不安好心"，所以在人类心目中，它就是一个可恶的偷鸡贼，再加上放臭屁的习性，就更增添了人们对它的恶感。但科学家对黄鼠狼的评价完全不同，认为它应该属于对人类有好处的益兽。

　　科学家在分析黄鼠狼食性时发现，它捕食的猎物中有田鼠、蜈蚣、蝗虫、蛙类、小鱼和小鸟等，但田鼠的数量占所有食物的半数以上。这说明，黄鼠狼的主要食物是危害庄稼的田鼠。有时候，当野外的田鼠数量较少，难以填饱肚子，黄鼠狼也会溜进人类的住房捕捉家鼠。当然，它如果偶然遇到了家禽，也会咬死鸡鸭，拖走小鸡，干一些坏事。但总的来说，黄鼠狼还是益多害少，因此对这种动物应该适当保护，合理捕捉。

家猫

绰号：捕鼠器

我的祖先生活在森林中，由于性格比较温顺，受到了人类的青睐，其中有一部分与人类的交往越来越多，关系也日渐密切，并开始和人类生活在一起。但还有一部分野猫依然生活在森林中，性格要凶猛些。我们经过人类的长期驯养，最终放弃了野生生活，随人类一起住进大小城市，成为了今天的家猫。

说起我们家猫，自然就会联想到捕捉老鼠。作为老鼠的天敌，我们感到很骄傲，曾经有确切的记载，一只名叫"敏尼"的家猫，在6年之中，一共捕捉老鼠1万多只！

物种档案

猫善于捕鼠，在于它身体的一些特殊构造。首先是它的四肢，在它的足底有厚厚的肉垫，非常柔软，而且充满弹性，使它在行走时几乎听不见脚步声，就连跳跃的时候也显得无声无息。有了这种"消音"本领，猫就能悄悄地对老鼠发起突然袭击。

在猫的嘴巴两边有两撮细长的胡子，千万别误会胡子的作用，它不是为了好看的装饰品，而是捕捉老鼠的重要工具。猫的胡子有灵敏的触觉，只要一碰到物体，就能第一时间将感觉到的"情报"反馈给大脑，让大脑有时间做出判断，及时调整运动方向。当它追捕老鼠到鼠洞口时，胡子好像一把测量大小距离的尺，如果胡子碰到鼠洞边缘，说明洞口太小，无法进入；如果碰不到边缘，猫就会毫不犹豫地冲进鼠洞，继续追击。

"清晨如枣核，中午一条线，夜晚溜溜圆"，这是人类形容一日三变的猫眼。猫的眼睛就像照相机光圈一样，能大幅度地调节瞳孔的大小。光线强时，猫眼的瞳孔缩小成一条线；而到了晚上，瞳孔扩展到最大限度，尽量多接受光线，这样，猫在夜晚也能将老鼠的行踪看得一清二楚。

　　都说我像缩小版的迷你型老虎，在外形上看还真没太大差别，但是我擅长爬树，而且爱吃的食物也不同。除了捕食老鼠，其实，鱼才是我最喜欢的食物。

　　"哪有猫儿不贪腥"，这是人类对我饮食习惯的评价，可为什么我那么爱吃鱼呢？其原因就在于我的体内需要一种叫牛磺酸的物质。大家知道，我是夜间活动的动物，而牛磺酸恰恰是提高夜间视力的必备物质，如果我长期得不到牛磺酸的补充，夜视能力会大大降低，而鱼类中含有大量的牛磺酸，这就是我爱吃鱼的秘密。

猞猁

波斯猫

家猫经过人类的长期驯化改良，已经演变出了很多品种，波斯猫就是最受人类喜爱的家猫成员之一。它全身披着洁白的长丝毛，在阳光照射下晶莹闪亮，宛如银色的玻璃丝。它的眼睛与众不同，一只碧蓝色，另一只浅黄色，到了夜间，一双眼睛又会变成红色，仿佛两颗闪闪发光的红宝石。

猫是猫科动物的代表，这个科的动物都有这样的共同特征，那就是食肉性，奔跑迅速，牙齿的咬合力强大，尾巴较长，并且都有锋利弯曲的爪子。猫科动物的爪子能够活动自如，平时将它收进厚厚的脚底肉垫内，防止被磨损，只有在捕捉猎物时才将利爪伸出肉垫。猫科动物大约有40种，包括我们熟知的猫、老虎、狮子和豹，还有我们比较陌生的猞猁等。

猞猁的模样有点像猫，但体形比猫大很多，善于爬树，甚至能悄悄上树捕捉在树上休息的鸟儿。猞猁有柔软厚实的皮毛，不怕冰雪，所以喜欢生活在寒冷的北方地区。猞猁最大的特点是在耳朵上，那儿有两撮笔直挺立的簇毛，作用相当于失聪人类用的助听器，能灵敏地接收和辨别声音的远近和方向。

图书在版编目（CIP）数据

非洲大帝：兽类王国大揭秘一/裘树平编著. — 上海：上海科学普及出版社,2017
（神奇生物世界丛书/杨雄里主编）

ISBN 978-7-5427-6948-0

Ⅰ.①非… Ⅱ.①裘… Ⅲ.①狮－普及读物 Ⅳ.①Q959.838-49

中国版本图书馆CIP数据核字（2017）第 165815 号

策　　划　蒋惠雍
责任编辑　柴日奕
整体设计　费　嘉　蒋祖冲

神奇生物世界丛书

非洲大帝：兽类王国大揭秘一

裘树平　编著

上海科学普及出版社出版发行

（上海中山北路832号　邮政编码 200070）

http: //www.pspsh.com

各地新华书店经销　　上海丽佳制版印刷有限公司印刷
开本　787×1092　1/16　印张 3　字数 30 000
2017年7月第1版　　2017年7月第1次印刷

ISBN 978-7-5427-6948-0

定价：42.00元

本书如有缺页、错装或损坏等严重质量问题
请向出版社联系调换
联系电话：021-66613542